TESHU ZUOYE SHIGONG JIJU JIANCHA SHOUCE

特殊作业施工机具
检查手册

北京联合普肯工程技术股份有限公司 编

化学工业出版社

·北京·

内 容 简 介

　　本手册从经验的角度，汇总了特殊作业过程中可能涉及的吊索吊具、脚手架等三十余类特殊作业施工机械设备和工／器具，并附有详细的插图。手册共分为高处作业机具、个人防护设备、吊装机具、临时用电设备、气动工具、工程车辆、其他机具七个章节，详细阐述了代表性施工机械设备和工／器具的检查细节和关注重点。可供承包商作为对施工机具的内部自查的指导手册使用，也可供企业施工作业主管部门技术管理人员在对机具进行入场检查及现场检查时使用。对保证特殊作业现场施工机具完好性，避免因物的不安全状态导致检修事故具有一定的参考价值。

图书在版编目（CIP）数据

特殊作业施工机具检查手册／北京联合普肯工程技术股份有限公司编. —北京：化学工业出版社，2021.6
ISBN 978-7-122-38997-8

　　Ⅰ.① 特…　Ⅱ.① 北…　Ⅲ.① 施工机械 - 检查 - 手册　Ⅳ.① TH2-62

中国版本图书馆 CIP 数据核字（2021）第 075246 号

责任编辑：黄　滢　黎秀芬　　　　　　　文字编辑：朱丽莉　陈小滔
责任校对：边　涛　　　　　　　　　　　　装帧设计：刘丽华

出版发行：化学工业出版社（北京市东城区青年湖南街13号　邮政编码100011）
印　　装：涿州市般润文化传播有限公司
710mm×1000mm　1/16　印张6　字数71千字　2022年3月北京第1版第1次印刷

购书咨询：010-64518888　　　　　　　　售后服务：010-64518899
网　　址：http://www.cip.com.cn
凡购买本书，如有缺损质量问题，本社销售中心负责调换。

定　　价：59.80元

前　言

　　企业正常生产、检维修过程中都将面临大量的特殊作业，而特殊作业现场往往又会涉及数量众多的机械设备和工/器具，如果这些设备和工/器具带"病"作业，或者防护、保险等装置存在缺陷，都将大大增加施工作业风险。而这类作为导致生产安全事故直接原因之一的"物的不安全状态"，既反映了"物"的自身特性，也反映了企业管理人员的素质和决策水平。

　　针对生产活动中"物的不安全状态"的形成与发展，在进行施工设计、工艺安排、施工组织与具体操作之前，对作业设备和工/器具进行必要有效的检查，可把大多数的"物的不安全状态"消除在生产活动进行之前，或引发为事故之前，既是"预防为主"方针落实的需要，也是安全管理的重要任务和杜绝特殊作业安全事故的有效手段。

　　本书从实用性的角度出发，根据多年的行业咨询经验，汇总了动火作业、高处作业、临时用电作业等特殊作业中可能涉及的电焊机、脚手架、手持电动工具等三十余类施工机械设备和工/器具的检查要点，并附彩色插图进行说明。可以作为承包商对施工机具的定期检查指导手册，也可供企业施工作业主管部门技术管理人员对承包商施工机具进行入场检查及现场检查时使用。

　　本书的编写得到了行业专家、技术顾问、企业安全生产管理人员的大力支持，在此向所有付出辛勤工作的同仁致以诚挚的谢意！

　　本书中提到的检查要点来自于北京联合普肯工程技术股份有限公司多年技术服务和咨询实践，以及行业安全管理专家的实践经验。由于各企业实际情况不同，难免存在遗漏或不足之处，恳请读者和专家批评指正，提出宝贵意见，联系邮箱：psmfankui@pkchem.com。

编者

目 录

第一章

高处作业机具

① 移动式升降平台（表 1-1）

表 1-1　移动式升降平台检查项目及检查内容

检查项目		检查内容
外观检查		气动和 / 或液压系统管线无泄漏 燃料系统管线无泄漏
		工作平台（护栏、地板、安全锁定装置连接支架）完好
		工作平台结构部件无松动、无损坏
标识检查	液压升降平台	铭牌参数清晰，定期专业检查标识完好
		常规或使用前检查书面记录可见
电气线路检查		配电箱完好，无破损、无松动
		配电箱内线路固定牢固绝缘外皮无破损老化

续表

检查项目		检查内容
人员资质审查		操作人员接受过操作培训，持工厂授权证明
使用环境检查		地面平整无障碍 操作平台周围无电线、电缆
		平台上方人员不得接触到电线及其他障碍
		远离地面边缘、斜坡、坑洞
		使用支腿、伸缩轴以增强稳定性

② 扣件式钢管脚手架

参考标准《建筑施工扣件式钢管脚手架安全技术规范》（JGJ 130—2011），具体检查项目及检查内容见表1-2。

表 1-2　扣件式钢管脚手架检查项目及检查内容

检查项目		检查内容
方案审查	脚手架搭设施工方案 编制人：_____ 审核人：_____ 审批人：_____	搭设高度超过 24m 的脚手架须编制专项施工方案 进行设计计算，按规定审核、审批
标识检查	脚手架检查状态标签　脚手架检查状态标签　脚手架禁用牌	脚手架搭设、拆除、改动过程中悬挂红色禁用标识 完全符合规范的脚手架挂绿牌 因环境因素制约不能完全符合法规要求的挂黄牌 黄、绿牌载明人数负荷以及时间限制要求

检查项目	检查内容
材料检查 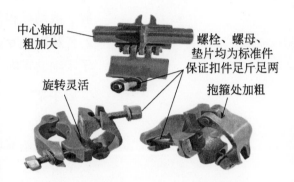 中心轴加粗加大　螺栓、螺母、垫片均为标准件保证扣件足斤足两　旋转灵活　抱箍处加粗	使用中的扣件无裂缝、变形，螺栓无滑丝现象 除剪刀撑外，立杆、横杆严禁使用旋转扣件代替直角扣件
	钢管直径、壁厚、材质符合要求：ϕ48.3×3.6钢管，并进行防腐处理
	钢管表面无裂缝、结疤、分层、错位硬弯、毛刺、压痕、孔洞
	防火防爆区内严禁使用木质脚手板 钢制脚手板无严重锈蚀、油污和裂纹、开焊与硬弯，无严重变形，筋板完好

检查项目		检查内容
人员审查		操作人员具有登高架设作业证 脚手架搭设、拆除、改动过程需由2名及以上专业架子工辅助完成
环境确认		脚手架搭设、拆除、改动、使用过程中作业区域设置安全警戒区
结构审查	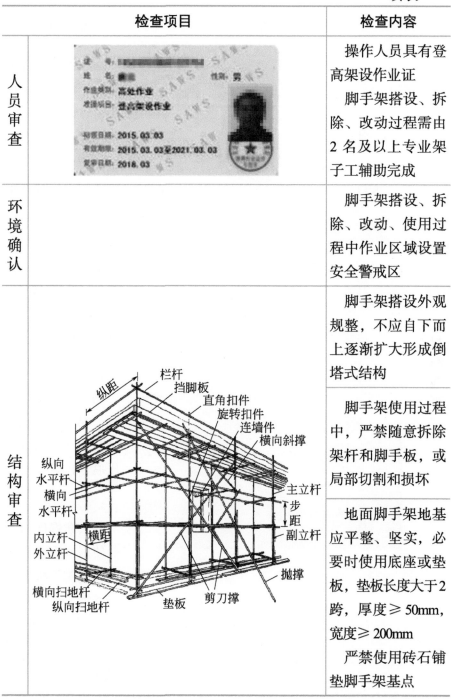	脚手架搭设外观规整，不应自下而上逐渐扩大形成倒塔式结构
		脚手架使用过程中，严禁随意拆除架杆和脚手板，或局部切割和损坏
		地面脚手架地基应平整、坚实，必要时使用底座或垫板，垫板长度大于2跨，厚度≥50mm，宽度≥200mm
		严禁使用砖石铺垫脚手架基点

图中标注：栏杆、挡脚板、直角扣件、旋转扣件、连墙件、横向斜撑、纵距、纵向水平杆、横向水平杆、主立杆、步距、副立杆、内立杆、外立杆、横距、抛撑、横向扫地杆、纵向扫地杆、垫板、剪刀撑

检查项目	检查内容
结构审查	脚手架使用过程中遇开挖脚手架基础下的设备基础或管沟时，需对脚手架采取临时加固措施，如增设抛撑
	抛撑应采用通长杆件，并用旋转扣件固定在脚手架上，与地面的倾角应在45°~60°之间
	脚手架立杆的纵距一般为1.2~1.8m
	横距一般为0.9~1.5m
	脚手架底层步距≤2m
	在立杆底端不高于200mm处设置扫地杆，单杆长度≥3跨
	立杆与纵向水平杆交点处设置横向水平杆

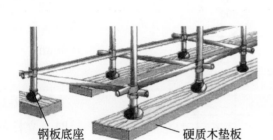

钢板底座　　　　硬质木垫板

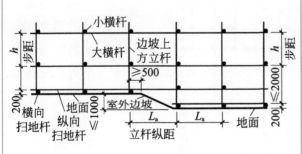

续表

检查项目	检查内容
结构审查 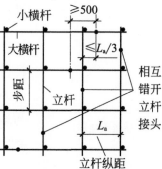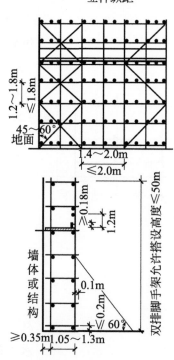	立杆采用搭接接长时，搭接长度≥1m，旋转扣件不少于2个 端部扣件盖板的边缘至杆端距离≥100mm
	立杆采用对接接长时，立杆的对接扣件交错布置 两根相邻立杆的接头不设置在同步内 同步内隔一根立杆的两个相隔接头在高度方向错开的距离≥500mm 各接头中心至主节点的距离不大于步距的1/3
	纵向水平杆搭接长度≥1m，并等间距设置3个旋转扣件固定

检查项目	检查内容
结构审查 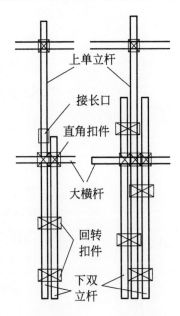 单杆相接　双杆连接 单立杆和双立杆的连接方式 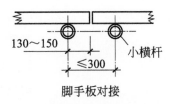 脚手板对接 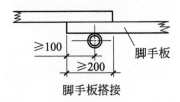 脚手板搭接	剪刀撑沿脚手架高度连续设置，每道剪刀撑宽度≥4跨或6m 竖向剪刀撑斜杆与地面的倾角、水平剪刀撑与支架纵（或横）向夹角在45º～60º之间 剪刀撑斜杆的搭接长度≥1m，与架体杆件固定不少于2个旋转扣件 各杆件端头伸出扣件盖板边缘的长度≥100mm 作业面脚手板满铺，脚手板两端捆绑牢固并固定在支承杆件上，探头板长度在10～30cm之间 作业面脚手板长度≥2m时，设置在3根横向水平杆上

检查项目	检查内容
结构审查	脚手板对接平铺时，每块脚手板外伸长度在 130 ~ 150mm 之间
	脚手板搭接铺设时，接头支在横向水平杆上，搭接长度 ≥ 200mm，伸出横向水平杆的长度 ≥ 100mm
	作业层在高度 1.2m 和 0.6m 处设置上、中两道防护栏杆
	脚手架高度和其纵距或长度比超过 3，设置脚手架固定设施，比如连墙件和 / 或抛撑
	作业层设置高度 ≥180mm 的挡脚板

外立杆
上栏杆
中栏杆
1200
≥180
内立杆
脚手板
小横杆　大横杆　挡脚板

检查项目	检查内容
通道检查	从地面或操作基础面至脚手架作业面设置上下梯子或通道： ①直爬梯横档间距不超过300mm，直爬梯超过8m高时，应从第一步起每隔6m搭设休息平台，且梯身设护笼 ②脚手架高于12m时宜搭设之字形斜道；运料斜道宽度不应小于1.5m，坡度不应大于1∶6；人行斜道宽度不应小于1.0m，坡度不应大于1 ③斜道两侧及平台外围均应设置栏杆及挡脚板，栏杆高度应为1.2m，挡脚板高度不应小于180mm ④脚手板横铺时，应在横向水平杆下增设纵向支托杆，纵向支托杆间距不应大于500mm ⑤人行斜道和运料斜道的脚手板上应每隔250～300mm设置一根防滑木条，木条厚度应为20～30mm

 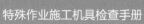
续表

检查项目		检查内容
拆除审查		拆除时，按由上而下、先搭后拆、后搭先拆的顺序进行 严禁上下同时作业或采取整排拉倒的方式拆除 连墙件应随脚手架逐层拆除

❸ 移动脚手架（表 1-3）

表 1-3　移动脚手架检查项目及检查内容

检查项目		检查内容
标识检查	脚手架检查状态标签 / 脚手架检查状态标签 / 脚手架禁用牌	脚手架悬挂有检查合格牌，牌上记录有人员以及负载限制
材料确认	上架、连接销、下架、可调底座、可调U形顶托、连接臂、脚踏板、拉杆	门架无开焊、变形，以及连接件或固定件连接防脱件完好
		脚踏板、稳定交叉杆无变形、严重锈蚀
架构审查		移动脚手架地基应平整、坚实，必要时使用底座或垫板，垫板长度大于两跨，厚度≥50mm，宽度≥200mm，严禁使用砖石铺垫脚手架基点

续表

检查项目		检查内容
架构审查		移动架无缺件情况，各组件之间连接牢固
		工作平台的脚踏板是满铺，进入工作平台设有进入通道
		工作平台的护栏不低于1.1m，护栏分隔距离不超过0.6m
		若有移动架的宽高比大于3∶1的情况，设置抛撑或连墙件
		如脚手架带滚轮，滚轮需带锁定装置
		吊装用脚手架做加固处理，并在标牌上明确有吊装负载

续表

检查项目		检查内容
使用审核		带滚轮脚手架在移动过程中，无人员在脚手架上的情况
		无超负荷，无拆除部件情况

便携式梯子（表1-4）

表1-4　便携式梯子检查项目及检查内容

检查项目		检查内容
标识检查		梯子张贴有定期检查的合格标签，载明最大允许载荷
外观检查		直梯的长度不超过6m　伸缩梯不超过11m
		梯级或横档无松动（用手可以转动）、破裂、弯曲或损坏
		螺钉、螺栓、铆钉或其他金属部件无松动　立杆或支撑无弯曲、破裂、裂开断裂
		梯级或横档无油污或易滑脱的情况
		人字梯铰链无松动、弯曲或破裂　可伸缩梯无伸缩锁具松散、破裂或缺失

检查项目	检查内容
使用审查 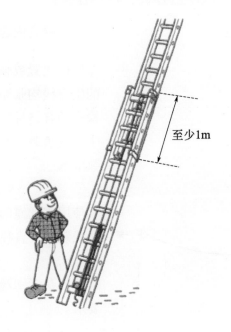	梯子放置在干燥和坚固的表面
	伸缩梯使用保证至少 1m 的重叠
	直梯保持至少 1m 的出头
	使用梯子的角度保持在大约 1：4
	梯子使用过程由人员扶持，爬梯保持 3 点接触
	禁止使用梯子作为长时间作业平台
	如作为短时间作业平台，直梯和伸缩梯顶部要求固定 工作面超过 1.8m 的高度要求使用安全带
	电气相关作业需使用绝缘材料的梯子

⑤ 生命线（表 1-5）

表 1-5　生命线检查项目及检查内容

检查项目		检查内容
标识检查		固定放置或临时搭建的生命线均张贴有定期检查的合格标签，载明生命线负载以及使用人数限制
外观检查		使用钢丝绳的水平生命线装置，直径不小于12mm 其他参考钢丝绳检查要求
		金属部件进行测试，应无红锈或其他明显可见的腐蚀痕迹，但允许有白斑
		使用纤维绳的水平生命线装置，纤维绳不得使用回料及再生料，不得使用聚丙烯（丙纶）材料

检查项目	检查内容
架构检查	生命线如采用绳夹固定，每端绳夹不少于3个，绳夹间隔为钢丝绳直径的6～7倍
	移动连接装置、滑轮、安全钩、钉环的材料应适应在导轨上的滑动，且不应造成影响性能的损伤
	生命线锚点坚固，连接部件承受力满足生命整体负荷要求。如水平生命线装置可供两人使用，承载力不低于18kN
	水平生命线系统的最小安全距离应≥1m

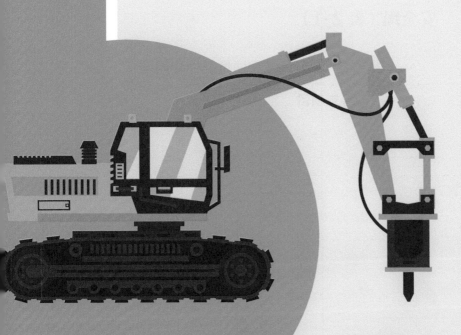

第二章 个人防护设备

❶ 安全绳（表 2-1）

表 2-1　安全绳检查项目及检查内容

检查项目		检查内容
标识检查	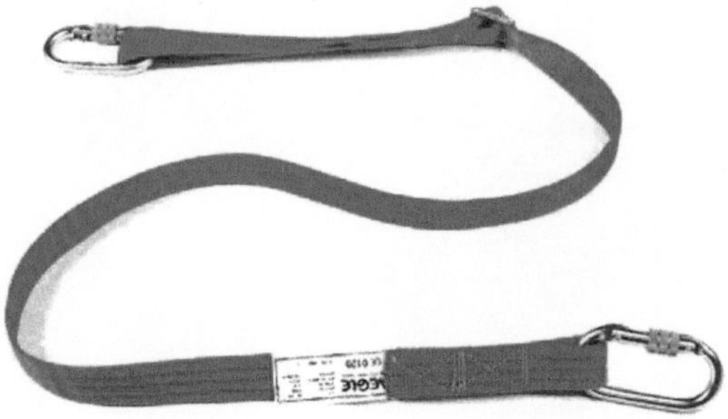	悬挂检查标牌，且安全绳使用未超过 5 年
外观检查		绳体无破边、纤维断裂、破损 无褪色、熔断、脆化或熔融的纤维
	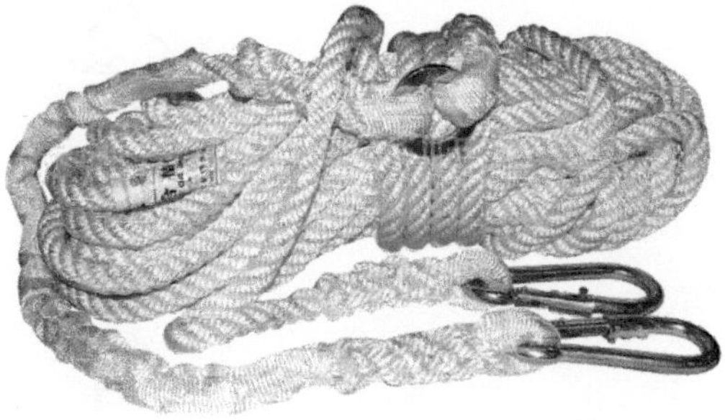	套管接头应有五个褶皱，接头应固定牢靠，防止解开 末端无散丝，末端保护套无破损
		挂钩的钩舌咬口平整、无错位，保险装置完整可靠

安全带（表 2-2）

表 2-2　安全带检查项目及检查内容

检查项目		检查内容
标识检查		有日常检查挂牌，在检查期内（6 个月）安全带应有 LA 标志 在规定时间内（正常 5 年）使用，超期应报废
外观检查		挂钩的钩舌咬口平整，无错位，保险装置完整可靠
		金属构件： 所有带扣、D 形环和其他金属部件无裂纹，无锐边或粗糙边，无锈蚀或其他腐蚀、变形或者其他磨损迹象
		织带检查： 编织带中无裂口，无拉出或断裂的针脚，无磨损或断裂的股线，无褪色、熔断、脆化或熔融的纤维 背带编带无脆裂，无断股，无扭结，接缝良好

续表

检查项目	检查内容
外观检查 	锁紧安全钩和竖钩应平稳扣紧，不得弯曲或颤动。检查弹簧应牢固地将保持器（锁闩）贴紧在挡尖上。锁紧安全钩应将保持器维持在其闭合位置 绳索 / 线缆： 检查绳索无打结，直径一致 从头至尾检查绳索，检查时转动绳索，分开股线查找磨损、断裂或切割的纤维 查找焊接、化学品或油漆，或者暴露于热源可能造成的损坏 套管接头应有 5 个褶皱，接头应固定牢靠，防止解开 必须为 5 点式安全带

检查项目	检查内容
使用检查	 挂点须能够为每个受保护的人员提供2268kg承受力的保护，不能将挂点设置在化学品物料管道上
	作业高度在5.8m以下时使用速差器作为安全系绳
	安全带和身体贴合的部分，不要放有工具或其他物品

③ 正压式空气呼吸器（表 2-3）

表 2-3　正压式空气呼吸器检查项目及检查内容

检查项目		检查内容
标签检查		定期检查标签完好，气瓶法定检验标签完好或附有检验报告
外观检查		减压阀和供气系统密封良好，供气管无裂纹
	全面罩 供给阀 快速接头 气瓶 电子压力表 气瓶开关	碳纤维瓶无破损背板、背带完好
		呼吸面罩密合部分无变形、无老化现象且无味、无刺激 面罩视线良好，无视觉变形现象
		气瓶带调节自如
		压力表指针位于绿色合格范围内，气瓶压力不超过 30MPa

检查项目		检查内容
气密检查	肩带 背板 加固带 腰带	打开气瓶阀门，保持 15s，关闭气瓶阀门，一分钟内压降小于 2MPa
报警测试		当气瓶内压力下降至 5MPa 时，报警哨报警
使用检查		面部无头发或织物等影响密合

4 供气系统压缩机

供气系统压缩机的使用和检查需参考产品手册，一般检查项目及内容如表 2-4 所示。

表 2-4　供气系统压缩机检查项目及检查内容

检查项目		检查内容
标识检查		压缩机铭牌清晰，安全标识良好
安全设施检查	8　　　　　9 　　　　　1 4 2　　7 5　6　　　　3 11 10 1—高压表；2—低压表；3—高压出口；4—低压进气口；5—进气过滤器；6—给油杯；7—增压阀；8—进气调压器；9—消声器；10—放水口；11—储气罐	压缩机设置高温报警，以及自动停机
		空气过滤器定期更换，在役过滤器无杂质
电气部分检查		电气部分无破损、老化，外观完整 有电气人员检查标签
使用检查		压缩机放置在干净的气体中，空气流动良好

5 速差器（表 2-5）

表 2-5　速差器检查项目及检查内容

检查项目		检查内容
外观检查	 1—上挂钩；2—尼龙绳；3—壳体； 4—棘轮；5—钢带；6—棘爪；7— 钢丝绳；8—下挂钩	外观应平滑，无材料或制造缺陷，无尖角或锋利边缘
		所有的金属材料不应有明显的腐蚀痕迹 内部部件不允许有腐蚀现象
性能检查		速差器顶端挂点或安全绳末端连接器旋转装置灵活可靠
		自动锁死装置灵活可靠 安全绳回收装置能独立和自动回收安全绳
使用检查		救援用速差器保持末端有 3m 长度的钢丝绳（一般用红色标记）在速差器内

⑥ 便携式气体探测器（表 2-6）

表 2-6　便携式气体探测器检查项目及检查内容

检查项目		检查内容
外观检查		外观完好
		传感器进气口无堵塞
时限确认		可抛式仪表不超期使用
标识检查		铭牌清晰可见，防爆等级符合使用场所要求
		年度校验合格标签在明显位置张贴
功能测试		开机检测自检，蜂鸣器和闪灯功能正常，探测器电量充足
		显示屏读数清晰可见，数值显示正常
		各探头功能正常
		仪器反应迅速，在报警点发出警报
		气体吸入受阻警报正常
使用检查		受限空间探测使用带空气泵报警仪以及延长管线
		检测时长考虑延长管长度影响

第三章

吊装机具

① 救援三脚架（表 3-1）

表 3-1　救援三脚架检查项目及检查内容

检查项目		检查内容
外观检查	顶盘 吊环及滑轮 钢丝绳吊索 高强度铝合金主体支架 绞盘卡座 绞盘（带刹车功能） 自适应稳定底脚 环保保护链	顶盘与支架连接紧固、无过大间隙
		顶盘吊环无裂纹
		支架完好，无变形及裂纹
支架检查		支架采用直径 57mm 及以上铝合金
		在地面易滑地点使用，支架底部使用防滑链
		在地面承载力不够的地点，使用垫钢板
顶盘／吊环检查		顶盘钢板厚度不小于 1cm
		吊环钢筋直径不小于 12mm
		顶盘与支架管连接钢筋直径不小于 12mm

续表

检查项目	检查内容
标识检查 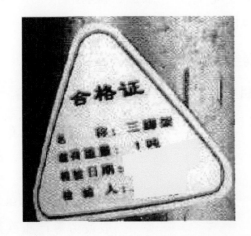	出厂合格证和铭牌清晰可见
	铭牌应标明载重量、出厂日期

❷ 吊索吊具——钢丝绳

参考标准《起重机 钢丝绳 保养、维护、检验和报废》（GB/T 5972—2016），具体检查项目及内容见表 3-2。

表 3-2　钢丝绳检查项目及检查内容

检查项目		检查内容
外观检查	波浪形	无扭结、死角、硬弯、压扁变形、麻芯脱出、波浪形、笼状畸形、钢芯挤出、绳股疲劳等严重变形或严重腐蚀情况
	绳股挤出	无直径局部减少 直径减少不超过 6% 无接长现象
	绳径局部增大	股沟断丝： 一个钢丝绳捻距内出现不超过 2 个断丝
	扭结	无整股断裂情况
		润滑良好，无焊伤和 / 或回火色

检查项目		检查内容
年限确认	笼形畸变 钢线挤出 绳径局部减小 弯折	钢丝绳投用未超过5年
		铭牌上安全工作载荷、直径、长度等信息清晰
标识检查	焊伤回火色	专业检查标签或色标在期限内

③ 吊索吊具——吊带（表3-3）

表3-3　吊带检查项目及检查内容

检查项目		检查内容
外观检查		吊带无穿孔、切口、撕断、边缘/局部磨损等严重磨损 承载接缝无绽开、缝线磨断等现象
		表面无腐蚀、酸碱烧损及热熔化或烧焦等现象 无纤维软化、老化、弹性变小、强度减弱等现象
		表面无粗糙易于剥落现象
		吊带无打结或死结现象
标识检查		铭牌上安全工作载荷清晰
		专业检查标签或色标在期限内

吊索吊具——卸扣（安全锚螺栓式／螺纹销式）

安全锚螺栓式和螺纹销式卸口检查项目及内容如表 3-4 所示。

表 3-4　卸扣检查项目及检查内容

检查项目	检查内容
外观检查	扣体、插销表面光滑，无严重磨损、毛刺、疲劳裂纹、变形等现象
	螺纹旋入时应顺利自如，螺纹必须全部拧入螺口内
	无补焊现象
	安全负荷清晰

⑤ 吊索吊具——吊笼（表 3-5）

表 3-5 吊笼检查项目及检查内容

检查项目		检查内容
外观检查		四周护栏完好 护栏门门锁完好并内开
		四个吊点无裂纹、变形或开焊
		采用套环式钢丝绳、安全锚及螺栓式卸扣
		顶部及底部金属护网及框架完好 无严重腐蚀变形或裂纹缺陷
标识检查		铭牌齐全，信息完整

❻ 手拉葫芦

参考标准《手拉葫芦安全规则》（JB/T 9010—1999），具体检查项目及检查内容见表3-6。

表3-6　手拉葫芦检查项目及检查内容

检查项目		检查内容
标识检查		外观完好，铭牌上额定载荷、起重高度等内容清晰
		专业检查标签或色标在期限内
外观检查		各部件无松动和脱落现象
		挂钩、吊钩防脱钩器完好，开合自如
		挂钩、吊钩开口尺寸无明显增大
		挂钩、吊钩无裂纹或其他缺陷
		扭转变形不超过10%
		钩面磨损不超过10%

检查项目	检查内容
外观检查 两个棘爪的设计，使制动更加优越 外壳加强筋的设计，使外壳强度更好，使用寿命更长 标准过载保护500kg以上都可以选配，安全性能更加优越 所有的齿轮件由于都采用20CrMnTi的材料，使齿轮件的强度更好，韧性更好 全镀锌的起重链条可以保证较长时间的防锈和防腐蚀功能 精加工的起重链轮，使链条的运转更加平稳，强度更高 止锁环的设计符合欧洲标准 **操作检查** 保险片卡入式设计，使吊装更加安全	起重链条润滑良好
	起重链轮无磨损、裂缝，链盒咬合良好
	起重链条无明显变形、裂纹及其他缺陷，链条磨损不超过10%
	手拉链条润滑良好
	手拉链条无明显的伸长和变形，链条磨损不超过10%
	齿轮无断齿和裂纹，手链轮、游轮无裂纹和严重磨损
	制动器座、棘爪、棘轮、弹簧无变形和严重磨损
	转动件转动灵活，无严重磨损
	空载上升有棘爪的响声、下降时制动器无异常

电动葫芦（表 3-7）

表 3-7　电动葫芦检查项目及检查内容

检查项目	检查内容
标识检查	铭牌上额定载荷（起吊重量）清晰 专业检查标签或色标在期限内
外观检查	主体安装完整，各部位连接及机座螺栓齐全、紧固，各零部件灵活好用
	钢丝绳无磨损、毛刺或断丝，无扭结压扁、弯折、笼状、畸形、断股、波浪形，无钢丝、绳股、绳芯挤出，严重损坏现象
	钢丝绳绳卡不少于 3 个 压板不少于 2 个 吊车吊钩处于工作最低点时，钢丝绳在卷筒上缠绕不少于 3 圈
	卷筒上钢丝绳尾端的固定装置牢固可靠 卷筒无严重磨损，导绳器完好

在外观检查行的检查项目一栏中：

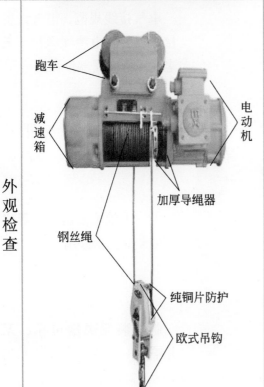

跑车
减速箱
电动机
加厚导绳器
钢丝绳
纯铜片防护
欧式吊钩

续表

检查项目		检查内容
外观检查		吊钩防脱钩装置完好、开合自如
		车轮应无裂纹或磨损，导轨两侧端部防撞挡板完好且安全有效
		滑轮无裂纹，轮槽无严重磨损
电气检查		电气接线规范，电气设备接地良好，电缆无磨损、无老化、无金属部位裸露
操作检查		操作手柄、按钮及急停开关完好、灵活好用
		上、下限位及运行极限位置限制器灵活好用
		制动装置灵敏可靠、无异响

第四章

临时用电设备

① 用电设备

参考标准《施工现场临时用电安全技术规范》（JGJ 46—2005），用电设备检查项目及检查内容见表4-1。

表 4-1 用电设备检查项目及检查内容

检查项目		检查内容
标识检查		认证标志、绝缘标志清晰可见
		专业电工定期检查合格标志清晰可见
外观检查	产品认证标志 外壳无裂缝或破损 手柄无裂缝或破损 产品合格证 电源开关 电源线应完好无损不得任意接长或拆换 工具转动部分 机械防护装置 保护接地线 电源插头应完好无损不得任意拆除或调换	外壳、手柄无裂缝和破损机械防护装置完好
		所有护套软电缆完好无损插头完整无损坏
		开关动作正常、灵活，无缺陷、无破裂
		各接线端良好，无带电裸露部位
		插头和插座相配，不能以任何方式改装插头 需要接地的电动工具不能使用任何转换插头

检查项目	检查内容
手持电动工具检查   	电源线完好无损，必须是软线，长度不超过 6m，线径必须根据电动工具功率配对 绿、黄双色线在任何情况下只能用做 PE 线，中间不允许有接头及破损
	电源插头完好，插头不应有破裂及损坏，规格应与工具的功率类型相匹配，而且接线正确
	电源开关动作正常、灵活，无损坏、无破裂
	工具转动部分转动灵活、轻快、无阻滞现象，机械防护装置完好 电气保护装置完好
	绝缘电阻： Ⅰ类工具带电零件与外壳之间 2MΩ Ⅱ类工具带电零件与外壳之间 7 MΩ Ⅲ类工具带电零件与外壳之间 1 MΩ

续表

检查项目	检查内容
电焊机检查  	电焊机外壳完好无损 一次线采用重防护软电缆，线径必须根据电焊机功率配对，电源线完好无损
	电源线、焊接电缆与电焊机连接处要有防护罩
	电焊机外壳接地线接线正确，连接可靠
	电焊机电源输入回路与外壳之间及变压器输入、输出回路之间的绝缘电阻应不低于 2.5MΩ（电子式直流焊机用万用表测量）
	电焊机二次线连接良好，绝缘橡胶外皮无老化开裂现象，无铜线裸露现象 二次线应采用防水橡胶护套铜芯软电缆，电缆长度不宜大于 30m
	焊钳完好，夹紧力好，绝缘可靠

检查项目	检查内容
行灯及配套变压器检查	行灯变压器必须采用双绕组型
	一、二次侧均应装熔断器，熔断器规格应符合要求
	行灯变压器应有金属防护外壳或防护箱外壳完好且必须可靠接地
	行灯变压器一次侧 220V 端子，二次侧 36V 端子和 12V 端子或者接插口应有明显标记 二次侧必须接地良好
	行灯变压器一次电源线不宜超过 3m，应使用橡胶软电缆，无破损，线径必须根据变压器功率配对 电源插头完好，不应有破裂及损坏，规格应与变压器的功率类型相匹配，而且接线正确
	行灯变压器二次侧 36V 端子输出电压不得超过 36V 12V 输出端子输出电压不得超过 12V
	行灯变压器功率必须大于所用灯泡功率的总和

续表

检查项目		检查内容
行灯及配套变压器检查		行灯变压器一次与二次绕组之间绝缘电阻不低于 5 MΩ 一、二次侧绕组与铁芯之间绝缘电阻不低于 2 MΩ
		行灯保护罩良好，灯泡铜头不得外露 行灯手柄应绝缘良好且耐热、防潮 开关灵活
		行灯的电源线应采用软电缆，无破损
拖线盘检查		外观良好，无破损
		电源线完好无损，必须是软线 220V 的必须是三芯电缆 380V 的必须是四芯或者是五芯电缆 线与线之间绝缘电阻不小于 0.5 MΩ
		电缆的线径不小于 $1.5mm^2$
		拖线盘插头的 PE 脚与插座的 PE 端子应该是通路，电源插头完好 插头不应有破裂及损坏，规格应与变压器的功率类型相匹配，而且接线正确

检查项目	检查内容
拖线盘检查 	绕线盘是金属的，必须接地
	拖线盘必须带漏电开关，额定漏电动作电流应不大于30mA，额定漏电动作时间应小于0.1s，必须通电试跳成功
总配电箱、分配电箱、开关箱检查 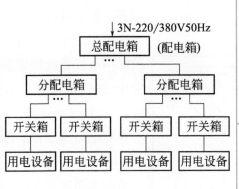	室外配电箱、开关箱外形结构应能防雨防尘 柜门锁完好可靠，并应由专人负责 配电箱进出线电缆无破损，无接头 移动式配电箱、开关箱应装设在坚固、稳定的支架上，其中心点与地面的垂直距离宜为0.8～1.6m
	配电箱、开关箱内的电器必须可靠、完好 严禁使用破损、不合格、触头严重烧蚀的电器 总配电箱的电器应具备电源隔离，正常接通与分断电路，以及短路、过载、漏电保护功能

续表

检查项目	检查内容
总配电箱、分配电箱、开关箱检查	总开关电器的额定值、动作整定值应与分路开关电器的额定值、动作整定值相适应 开关箱中漏电保护器的额定漏电动作电流不应大于30mA，额定漏电动作时间不应大于0.1s，且测试漏电可靠动作
	容量大于3kW的动力电路应采用断路器控制，操作频繁时还应附设接触器或其他启动控制装置 开关箱中各种开关电器的额定值和动作整定值应与其控制用电设备的额定值和特性相适应
	总配电箱应设在靠近电源的区域 分配电箱应设在用电设备或负荷相对集中的区域 分配电箱与开关箱的距离不得超过30m，开关箱与其控制的固定式用电设备的水平距离不宜超过3m

总配电箱

总配电箱设总FQ电器及接线图

检查项目	检查内容
总配电箱、分配电箱、开关箱检查	配电箱、开关箱中导线的进线口和出线口应设在箱体的下底面
	应配置固定线卡，进出线应加绝缘护套并成束卡固定在箱体上，不得与箱体直接接触，盘后引出及引入的导线应留出适当余度，以便检修
	进出线严禁承受外力，严禁与金属尖锐断口、强腐蚀介质和易燃易爆物接触
	移动式配电箱、开关箱的进、出线宜采用橡胶护套绝缘电缆，不得有接头
	配电箱、开关箱内的导线应绝缘良好、排列整齐、固定牢固，导线端头应采用螺栓连接或压接
	配电箱的电器安装板上必须分设 N 线端子板和 PE 线端子板
	N 线端子板必须与金属电器安装板绝缘
	PE 线端子板必须与金属电器安装板做电气连接
	进出线中的 N 线必须通过 N 线端子板连接；PE 线必须通过 PE 线端子板连接

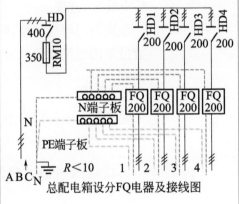

总配电箱设分FQ电器及接线图

续表

检查项目	检查内容
总配电箱、分配电箱、开关箱检查 分配电箱	配电箱、开关箱的金属箱体、金属电器安装板以及电器正常不带电的金属底座、外壳等必须通过 PE 线端子板与 PE 线做电气连接 配电箱内的电器应首先安装在金属或非木质的绝缘电器安装板上，然后整体紧固在配电箱箱体内，金属板与配电箱体应做电气连接 金属箱门与金属箱体必须通过采用编织软铜线做电气连接
	配电箱、开关箱应有名称、用途、分路标记及系统接线图
使用环境 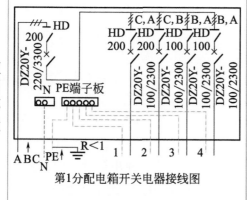第1分配电箱开关电器接线图	工作场所清洁、且照度充分 爆炸环境作为动火作业管理 不在雨中或潮湿环境中工作。如无法避免潮湿环境，必须使用带有剩余电流装置的保护电源 电源线沿过道边沿敷设，无高温、重物碾压等损坏电源线风险

检查项目	检查内容
使用环境 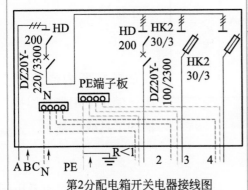 第2分配电箱开关电器接线图 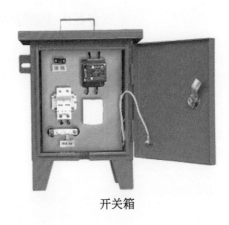 开关箱	电源线穿过主干道架空需挂限高牌，最低 4.5m，穿过支干道最低架设高度 2.5m，挂警示标志，固定牢靠且不损伤电缆
	电源线地面敷设穿越道路需拉警戒绳或安装防护盖板有效避免碾压和撞击伤害
	配电箱柜门无遮拦，便于 2 人同时工作
	埋地电缆设有走向标识和安全标志，埋地深度不小于 0.7m；跨马路段埋地电缆应穿保护管
	施工现场停止作业 1 小时以上时，应将动力开关箱断电上锁
	配电箱、开关箱内不得随意挂接其他用电设备
	配电箱、开关箱内的电器配置和接线严禁随意改动
	使用前进行漏电断路器测试
	金属容器内 / 潮湿受限空间，使用 12V 安全隔离变压器供电

续表

检查项目		检查内容
使用环境	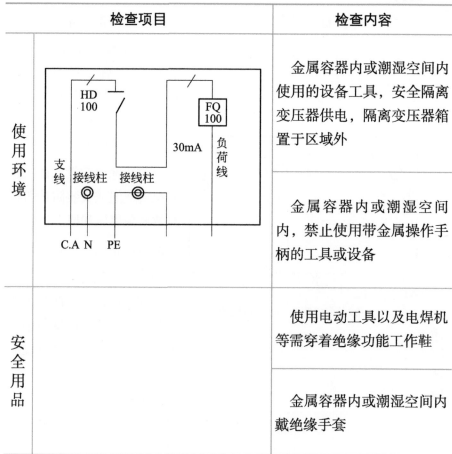	金属容器内或潮湿空间内使用的设备工具，安全隔离变压器供电，隔离变压器箱置于区域外
		金属容器内或潮湿空间内，禁止使用带金属操作手柄的工具或设备
安全用品		使用电动工具以及电焊机等需穿着绝缘功能工作鞋
		金属容器内或潮湿空间内戴绝缘手套

❷ 移动发电机（表 4-2）

表 4-2　移动发电机检查项目及检查内容

检查项目		检查内容
标识检查	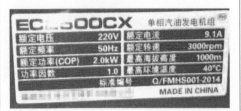	铭牌清晰，额定电压等关键参数信息可辨 张贴有专业电气人员检查合格标签
外观检查	 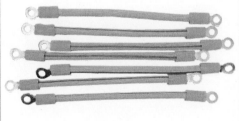	支撑构架完好牢固
		转动部件及高温部位防护罩完好
		燃油、润滑油系统无渗漏现场设有泄漏收集设施
		燃油箱油盖完好
		出线端短路保护、低电压保护、过载保护完好
		采用黄绿两色标准线接地，接地可靠无虚接，接地线无破损

 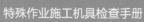
续表

检查项目		检查内容
运行检查		运行过程中发动机无异常振动、异响异味、过热等现象，工作正常 排气管装有阻火器
		发电机区域设置隔离

第五章

气动工具

部分气动工具检查项目及检查内容见表5-1。

表 5-1　气动工具检查项目及检查内容

检查项目	检查内容
外观检查 	软管耐压、耐油，耐磨性和柔软性良好，并应无破损、老化等现象 尽量采用短而整根的软管
	各种管接头，包括机器本身的进气（油水）接头和螺纹连接处应采用可靠的防松脱和防漏气结构，并应保证有良好的强度
	操作者可能触及的传动、高温、电路易碎等危险区域或部件加防护装置进行隔离
压力系统检查 	整个气动、液压系统的调整压力不能超过系统的设计压力或额定压力 管接头的额定压力应不小于系统的设计压力
	供气管路及配件的耐压值应大于系统中最高气压的 150%，且应大于 1MPa

检查项目	检查内容
气动扳手检查	启动开关完好无破损，转动部件无损坏，转动灵活无卡涩，方头无变形
	气扳机的扳轴与套筒连接用的圆柱销和胶圈应保证完好无损，套筒连接在扳轴上后禁止空运转
气动打磨机检查	机器上清晰标明额定转速、空转转速（r/min）和回转方向，以保证所更换的砂轮的线速度符合 GB 2494—2014 的规定和更换的钢丝刷或防锈轮符合要求
	夹砂轮（或钢丝刷、防锈轮）的挡板和紧板直径不得小于砂轮直径的$\frac{1}{3}$，不应有粗糙表面或刺手棱边
	安装在主轴上的砂轮、防锈轮或钢丝刷有可靠的防松措施，以确保在任何情况下都不松动

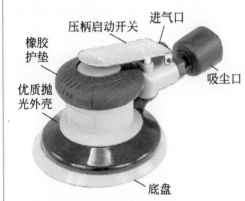

压柄启动开关　进气口
橡胶护垫
优质抛光外壳
吸尘口
底盘

续表

检查项目		检查内容
风镐检查		配有防止镐钎自由脱落的锁定装置
		作业停止后，应立即将作业工具锁定。如本身不配锁定装置的，应及时卸下作业工具
使用要求		气动工具禁止在任何气压下长时间的空运转 气动作业工具未与加工件接触时，则不准启动机器，以防锤体或作业工具打出伤人

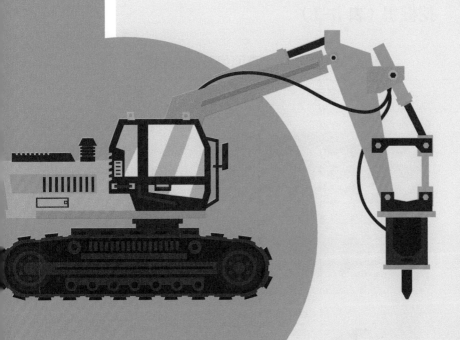

第六章

工程车辆

 挖掘机（表 6-1）

表 6-1　挖掘机检查项目及检查内容

检查项目		检查内容
标识检查	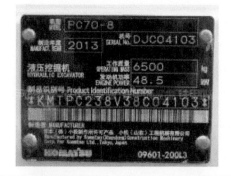	年度检验报告与车辆一致并在有效期内，并有车辆定期检查、保养、维修记录
		车辆铭牌清晰，工作质量、发动机功率、斗容量等信息可辨
外观检查	 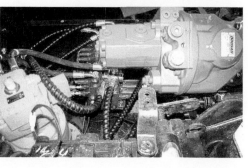	铲斗无变形开焊等现象 铲板螺栓紧固无松动
		大臂架无变形开焊，各销套连接紧固无松旷、润滑良好
		工作系统油路无渗漏，油缸及分配器工作性能良好，油管无老化破损
		转向系统油路无渗漏方向机工作性能良好、灵敏有效 转向油缸连接紧固 各销轴无松旷

检查项目		检查内容
外观检查		传动系统油路无渗漏，传动轴及前后桥连接紧固无松动
运行检查		照明、信号灯光齐全有效，工作状态良好
		回转齿圈无啃噬，润滑到位，制动灵敏有效
		发动机无异常振动、异响、异味、过热等现象，工作正常 排气管装有阻火器

❷ 吊车（表6-2）

表6-2　吊车检查项目及检查内容

检查项目	检查内容

文件检查	吊车名称		吊车牌照(厂家)		车辆进行定期维保，并保存有书面档案以及记录　日常检查记录齐全
	检查时间	年　月　日	吊车司机		
		检查内容	检查项目	完好情况	
	1	驾驶室	驾驶室卫生，玻璃、门锁有无损坏		
			电源线路、开关、照明灯及仪表是否完好		
	2	吊钩(安全锁舌)	安全锁舌有无松动，螺母紧固销有无断裂		
			吊钩有无裂纹，磨损		
	3	钢丝绳	有无断丝、断股、打结，润滑是否良好		
			钢丝绳压板是否松动，压紧螺钉有无松动		
	4	限位器(起升限位、超载限位)	主副钩起升限位		
			超载限制器及显示屏是否好使		
	5	缓冲器(防碰装置)	支座有无裂纹		
			缓冲性能是否良好，弹簧弹性良好，无断裂		
	6	夹轨器	夹轨器是否良好，停班后挂钩钩好并锁紧		
			夹轨器及其螺丝有无松动、裂纹		
	7	防护装置	各类防护罩、护栏、爬梯是否完备可靠		
			电器设备有无防雨罩，转动零部件有无防护罩		
	8	大车行程限位及缓冲装置	大车行程限位		
			缓冲装置		
	9	小车行程限位及缓冲装置	小车行程限位		
			缓冲装置		
	10	大车行走减速箱	箱体有无异常声音，螺钉有无松动或缺损		
			减速箱有无漏油，表面是否油污，卫生		
	11	小车行走减速箱	箱体有无异常声音，螺钉有无松动或缺损		
			减速箱有无漏油，表面是否油污，卫生		
	12	仓门开关	打开后，是否全车断电		
	13	刹车	是否灵敏		
	14	电铃	是否好用		
	15	遥控器/电源线路	遥控器是否灵敏，电源线路是否裸露		
	16	照明装置	是否好使		
	17	配电柜	卫生		
			螺钉有无松动，缺损，线路是否裸露		
	18	制动器	制动是否平稳可靠		
			制动轮、螺钉有无松动现象		
	19	轨道	轨道压板、螺栓是否缺失，螺栓是否锈蚀		
	20	车轮	运行是否有啃轨现象，轴承有无杂音，润滑是否良好		

续表

检查项目	检查内容
文件检查	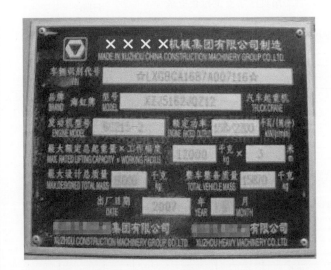车辆铭牌清晰，随车携带日常检查记录
	驾驶员、指挥证件在有效期限内

续表

检查项目	检查内容

文件检查

吊具日常安全检查记录　日期:

吊具种类	设备编号	检查项目					检查人	班组	备注
		钢丝绳磨损	棘轮、棘爪灵活性	承重销轴磨损	手柄保险损坏	磁场拉力不足			
磁力吊具									

吊具种类	编号	检查项目					检查人	班组	备注
		麻芯脱出	表面润滑油脂损耗	表面腐蚀磨损	断丝超标	硬弯、扭结			
钢丝吊具									

吊具种类	编号	检查项目					检查人	班组	备注
		表面裂纹	链环直径磨损	链环形变	有龟裂	表面腐蚀严重			
链条吊环									

吊具种类	编号	检查项目					检查人	班组	备注
		断丝超标	合股绳断	起毛严重	表面磨损严重	表面污染情况			
尼龙绳带									

吊具种类	编号	检查项目					检查人	班组	备注
		表面裂纹	端面高度磨损	扭转变形	开口比增大	塑性形变			
吊钩卸扣									
其他吊索具检查									

每周一、周三请定期点检，详细记录！

吊车自带吊具等文件齐全，包括证书和检查记录

检查项目	检查内容
关键检查  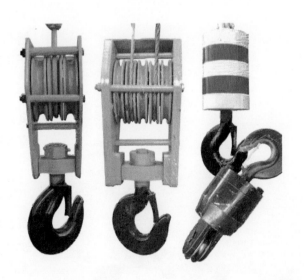	超载保护装置、力矩限位器、极限限位器等限位装置完好
	吊钩不存在裂纹、过度磨损或变形，转动灵活
	大、小吊钩限位装置动作灵敏，防脱钩器完好、开合自如
	钢丝绳无断丝、断股情况，润滑良好
	大吊钩钢丝绳U形卡朝向主绳

限位器

续表

检查项目		检查内容
关键检查		滑轮设有防脱绳槽，轮缘无裂纹、破边、严重磨损等状况，滑轮转动灵活
		滑轮设有排绳销，防止钢丝绳跳槽，排绳销安装锁紧螺帽
		卷筒体、桶缘无疲劳裂纹、破损等情况，绳槽与桶壁无严重磨损
外观检查		车辆外观良好，驾驶室视线清晰
		车轮的胎面、轮轴无疲劳裂纹、无严重磨损

续表

检查项目		检查内容
外观检查		水平仪完好，车辆处于水平位置
		桩腿锁销完好有效
		枕木、垫板完好齐备
		液压系统无漏油、渗油情况
安全设备		进入防爆区，阻火器牢固安装
启动检查		发动机无异常振动、异响、异味、过热等现象，工作正常
		排气管装有阻火器

③ 叉车（表6-3）

表6-3 叉车检查项目及检查内容

检查项目		检查内容
标识检查	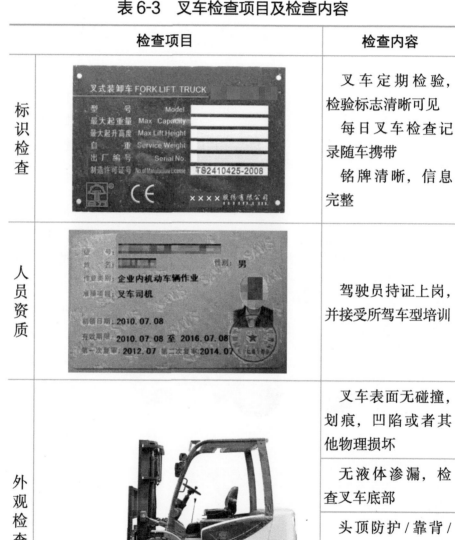	叉车定期检验，检验标志清晰可见 每日叉车检查记录随车携带 铭牌清晰，信息完整
人员资质		驾驶员持证上岗，并接受所驾车型培训
外观检查		叉车表面无碰撞，划痕，凹陷或者其他物理损坏
		无液体渗漏，检查叉车底部
		头顶防护/靠背/安全带和其他安全设施完好
		轮胎充气正常，胎纹未达限位

续表

检查项目		检查内容
外观检查	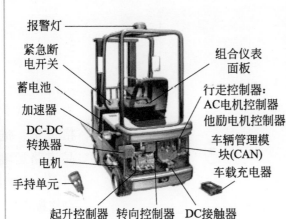	刹车油、冷却水、机油、传导油和液压油系统正常
		叉根部无裂缝 外加叉安装完好,锁定卡口位置正常
运行前检查	报警灯 紧急断电开关 蓄电池 加速器 DC-DC转换器 电机 手持单元 起升控制器 转向控制器 DC接触器 组合仪表面板 行走控制器: AC电机控制器 他励电机控制器 车辆管理模块(CAN) 车载充电器	刹车系统正常
		方向系统 方向盘灵活有效 方向灯显示正常
		信号系统:灯光显示正常,包括尾灯旋转/闪光灯;喇叭正常,包括倒车喇叭
		照明系统正常工作
		燃料系统、液压系统所有管道、接头无泄漏
		其他: 过顶保护正常 车架螺母紧固 马达声音正常 无其他异常声响 链条松紧一致 无其他异常

④ 槽车（表6-4）

表6-4 槽车检查项目及检查内容

检查项目		检查内容
资格确认		槽车驾驶员和押运员持证
文件确认		槽车取得压力容器检验合格证书、危险品道路运输许可及车辆年度合格标识 证书在有效期内

续表

<table>
<tr><th>检查项目</th><th></th><th>检查内容</th></tr>
<tr><td>文件确认</td><td>
<table>
<tr><td colspan="4">物质名称　氮</td><td colspan="4">危险化物编号　22005</td></tr>
<tr><td colspan="8">物化特性</td></tr>
<tr><td colspan="2">沸点(℃)</td><td colspan="2">−195.6</td><td>相对密度(水=1)</td><td colspan="3">0.81(−196℃)</td></tr>
<tr><td colspan="2">饱和蒸气压(Pa)</td><td colspan="2">1026.42(−173℃)</td><td>熔点(℃)</td><td colspan="3">−209.8</td></tr>
<tr><td colspan="2">蒸气密度(空气=1)</td><td colspan="2">0.97</td><td>溶解性</td><td colspan="3">微溶于水，乙醇</td></tr>
<tr><td colspan="2">外观与性状</td><td colspan="6">无色无臭气体</td></tr>
<tr><td colspan="8">火灾爆炸危险数据</td></tr>
<tr><td colspan="2">闪点(℃)</td><td colspan="2">无意义</td><td>爆炸极限</td><td colspan="3">无意义</td></tr>
<tr><td colspan="2">灭火方法</td><td colspan="6">本品不燃，尽可能将容器从火场移至空旷处，喷水保持火场容器冷却，直至灭火结束</td></tr>
<tr><td colspan="2">危险特性</td><td colspan="6">若遇高热，容器内压增大，有开裂和爆炸的危险</td></tr>
<tr><td colspan="8">反应活性数据</td></tr>
<tr><td rowspan="2">稳定性</td><td>不稳定</td><td></td><td>避免条件</td><td colspan="4"></td></tr>
<tr><td>稳定</td><td>√</td><td colspan="5"></td></tr>
<tr><td rowspan="2">聚合危险性</td><td>可能存在</td><td></td><td>避免条件</td><td colspan="4"></td></tr>
<tr><td>不存在</td><td>√</td><td colspan="5"></td></tr>
<tr><td>禁忌物</td><td colspan="3">无资料</td><td colspan="2">燃烧(分解)产物</td><td colspan="2">氮气</td></tr>
<tr><td colspan="8">健康危害数据</td></tr>
<tr><td>侵入途径</td><td>吸入</td><td colspan="2">√</td><td>皮肤</td><td></td><td>口</td><td></td></tr>
<tr><td>急性毒性</td><td>LD_{50}</td><td colspan="3">无资料</td><td>LC_{50}</td><td colspan="2">无资料</td></tr>
<tr><td colspan="8">健康危害
空气中氮气含量过高，使吸入气氧分压下降，引起缺氧窒息，吸入氮气浓度不太高时，患者最初感胸闷，气短，疲软无力，继而有烦躁不安、极度兴奋、乱跑、叫喊、神情恍惚、步态不稳，称之为氮酩酊，可进入昏厥或昏迷状态。吸入高浓度，患者可迅速昏迷，因呼吸和心跳停止而死亡。潜水员深潜时，可发生氮的麻醉作用，若从高压环境下过快转入常压环境，体内会形成氮气气泡，压迫神经，造成血管或微血管阻塞，发生“减压病”</td></tr>
<tr><td colspan="8">泄漏紧急处理
迅速撤离泄漏污染区人员至上风处，并进行隔离，严格限制出入。建议应急处理人员戴自给正压式呼吸器，穿一般作业工作服，尽可能切断泄漏源，合理通风，加速扩散，漏气容器要妥善处理，修复，检验后再用</td></tr>
</table>
</td><td>随车携带化学品的MSDS/SDS（化学品安全技术说明书）</td></tr>
</table>

续表

检查项目	检查内容
外观检查 	车辆高度、宽度符合交通运输相关规定
	车辆外观无明显缺陷：车灯、轮胎、保险杠、厢体等正常
	液体槽罐车罐体印有相关危险标识
	罐区无明显损伤、变形或泄漏
	管线接头连接牢固，系统无泄漏现象
	罐体安全附件定期检验，并有标识
	静电接地带完好，并有有效长度
	车辆轮胎磨损情况在允许范围内

检查项目	检查内容
关键要求检查 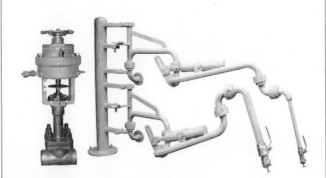  止滑器   橡胶三角木	载重量不可以超出车辆核载重量。装载高于80%的高度或高于20%的容积
	液化烃、液氨、液氯以及易燃物料使用万向节卸料
	易燃有毒化学品槽罐车装有紧急切断阀
	剧毒品车辆及部分地区的车辆必须安装GPS
	驾驶人员熟悉物料特性 车辆配置应急设备 人员了解应急操作

第七章

其他机具

① 气瓶（表 7-1）

表 7-1 气瓶检查项目及检查内容

检查项目	检查内容
外观检查 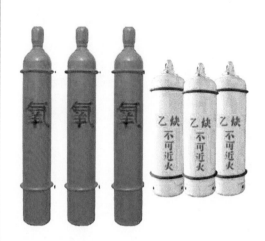 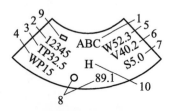 1—气瓶制造单位代号； 2—气瓶编号； 3—水压试验压力，MPa； 4—公称工作压力，MPa； 5—实际重量，kg； 6—实际容积，L； 7—瓶体设计壁厚，mm； 8—制造单位检验标记和制造年月； 9—监督检验标记； 10—寒冷地区用气瓶标记	气瓶外表颜色与盛装介质符合规定
	瓶身无严重腐蚀、损伤、变形及裂纹 手轮完好，能操作 瓶口铜阀无变形裂纹
	气瓶减压阀安装完好，无泄漏。压力表在检定有效期内
	气瓶瓶肩上有钢印字码，清晰 检验时间在有效期内
	乙炔瓶出口安装防回火装置

检查项目		检查内容
外观检查		瓶帽完好，瓶身上下两道防震圈完好
		减压器完好 氧气与乙炔减压器不得混用
		软管无老化、破损 软管连接处用管卡固定
现场使用检查		气瓶直立放置，有防倾倒措施，禁止倒放
		夏季高温有遮阳和防高温措施
		氧气瓶与乙炔瓶距离大于 5m
		氧气瓶与乙炔瓶距离动火点大于 10m
		气瓶移动时，使用专用推车，禁止碰撞瓶口

❷ 移动空压机（表 7-2）

表 7-2　移动空压机检查项目及检查内容

检查项目		检查内容
标识检查		设备铭牌清晰，工作参数可辨
		空压机储气罐、压力表、安全阀等附件经过定期检定，并在检验有效期内
外观检查		传动带松紧适当，无断丝或严重磨损 带轮无严重形变，无裂纹 转动部位防护罩完好
		使用地基平整，空压机车轮设有制动器或配有三角垫木
		泄放阀功能正常
		出气软管完好无老化、起泡、裂纹等现象
		使用快速接头或金属卡有效连接出气软管

续表

检查项目		检查内容
电气部分	安全泄放阀	通过装有漏电保护装置的移动式接线箱接入用电线路
		电源线完好,无裂纹致金属部分裸露
		采用黄绿两色标准线接地,接地可靠、无虚接,接地线无破损

③ X射线探伤机（表7-3）

表7-3 X射线探伤机检查项目及检查内容

序号	检查项目	检查内容
标识检查		定期检定标签清晰可见
		具有设备检验合格证
外观检查		电源线无破损、无老化、无断接
人员资质检查		检测人员持有资质证书，并在有效期内
		检测人员与持证人为同一人，不可将资质证书转借他用

序号	检查项目	检查内容
个人防护检查		正确穿戴个人劳保防护用品
		佩戴经校准合格的个人剂量计和射线报警仪
作业环境检查		作业区域进行隔离，并张贴警示标识，禁止无关人员进入
		隔离的作业区域位于放射源安全距离

 手动试压泵（表7-4）

表7-4 手动试压泵检查项目及检查内容

检查项目		检查内容
标识检查		铭牌及额定压力等信息清晰
外观检查		压力表完好，量程满足操作要求
		压力表、控制阀等附件在检验有效期内
	压力表 手柄 泵体 工作接头 控制阀 进水阀 水箱 进水管	连接软管完好无老化破损现象
		压杆手柄、柱塞完好，运动灵活
		水箱完好，无漏点
		控制阀完好，手柄无损坏

5 电动试压泵（表7-5）

表 7-5　电动试压泵检查项目及检查内容

检查项目		检查内容
标识检查		铭牌上额定压力等信息清晰 防火防爆区使用的电动试压泵应具有相应等级的 Ex 标识
外观检查		压力表量程满足操作要求，压力表、安全阀等附件在检验有效期内
		连接软管完好，无老化破损现象
		试压筒无变形、渗漏等现象
		密封堵头完好 密封圈无变形、损坏 各连接管线无渗漏
		试压泵水箱，无跑、冒、漏、滴现象
		转动部件防护罩完好

续表

检查项目	检查内容
电气部分检查	通过装有漏电保护装置的移动式接线箱接入用电线路，漏电保护装置完好有效
	电源线完好无裂纹致金属部分裸露
	采用保护接零或标准接地线接地
运行检查	启动后运转平稳，无振动或异响
	吸入口滤网完好无堵塞
	止回卸压阀及试压管路与高压软管的连接处紧固，进、出口管线完好

压力表　压力调节按钮　安全开关

进水口

卸压阀

出水口

安全指示灯

⑥ 高压清洗机（表7-6）

表 7-6　高压清洗机检查项目及检查内容

检查项目		检查内容
电气部分		外露的电气设备均采取必要的保护措施
外观检查		高压清洗机进水过滤件无破损，吸入端过滤网洁净且能继续使用
软管检查		软管无破损，连接处无泄漏，并设置有防甩脱装置
		所有接头、软管的额定压力值大于工作压力的 2.5 倍
		所有软管及接头均处于良好工作状态
保护系统		设有卸压装置，并有专人控制，或专人控制高压泵 卸压系统可靠
运行检查		所有控制系统均可正常工作
人员能力		清洗人员2人或2人以上工作人员取得高压射流作业证书

检查项目		检查内容
警示限制		工作场所设立了围栏以及合适的警告标志牌 工作区域限制人员进入
环境考虑		对清洗废渣进行了过滤，对废液进行了组织收集和有组织排放
可燃环境		对易燃气体环境的受限空间清洗前，先进行气体检测
安全防护		PPE（个人防护用品）应包括趾骨保护、防切割服、面屏等